My Ismail Mamouni

Didática da Matemática: Parte I: Aprendizagem

My Ismail Mamouni

Didática da Matemática: Parte I: Aprendizagem

ScienciaScripts

Imprint
Any brand names and product names mentioned in this book are subject to trademark, brand or patent protection and are trademarks or registered trademarks of their respective holders. The use of brand names, product names, common names, trade names, product descriptions etc. even without a particular marking in this work is in no way to be construed to mean that such names may be regarded as unrestricted in respect of trademark and brand protection legislation and could thus be used by anyone.

Cover image: www.ingimage.com

This book is a translation from the original published under ISBN 978-620-6-71133-9.

Publisher:
Sciencia Scripts
is a trademark of
Dodo Books Indian Ocean Ltd. and OmniScriptum S.R.L publishing group

120 High Road, East Finchley, London, N2 9ED, United Kingdom
Str. Armeneasca 28/1, office 1, Chisinau MD-2012, Republic of Moldova, Europe
Printed at: see last page
ISBN: 978-620-7-67794-8

Didática da matemática : **Parte I: Aprendizagem**

Prof. My Ismail MAMOUNI
CRMEF Rabat, MARROCOS

Índice

Capítulo 1 : Epistemologia da aprendizagem

Introdução

A epistemologia é um ramo da filosofia da ciência que critica o método científico e as formas lógicas utilizadas na ciência, bem como os princípios, os conceitos fundamentais, as teorias e os resultados das várias ciências, a fim de determinar a sua origem lógica, o seu valor e o seu alcance. Por outro lado, a epistemologia "continental" pode também ocupar-se de objectos não científicos, e a palavra é por vezes utilizada para designar uma teoria particular do conhecimento. Jean Piaget define a epistemologia como o estudo da constituição do conhecimento válido, o que permite colocar três grandes questões:

- O que é o conhecimento (a questão gnoseológica)?
- Como é que é constituído ou gerado (a questão metodológica)?
- Como avalia o seu valor ou validade?

O estudo epistemológico pode também incidir sobre vários aspectos: os modos de produção do conhecimento, os fundamentos desse conhecimento, a dinâmica dessa produção. Isto levanta uma série de questões: o que é o conhecimento? Como é que é produzido? Como é que é validado? Em que é que se baseia? Como é que se organiza o conhecimento? Como é que evolui (e, em particular, como é que progride?) O que é um "bom" conhecimento? Durante muito tempo, a epistemologia centrou-se no "conteúdo" da ciência (conhecimento científico), deixando a natureza da ciência para outras disciplinas, nomeadamente a sociologia. Nas últimas décadas, esta divisão tornou-se menos nítida, sob a influência, por um lado, de certas correntes da sociologia que reclamam um "direito de escrutínio" sobre esse conteúdo e, por outro lado, de certos epistemólogos que consideram necessário, para melhor compreender o conhecimento científico, prestar atenção às dimensões concretas da natureza da ciência.

História

O termo inglês epistemologia foi introduzido em 1856 por James Frederick Ferrier para traduzir o alemão Wissenschaftslehre. Mas há quem atribua o conceito de epistemologia a Eduard Zeller, que utiliza a palavra alemã Erkenntnistheorie ("teoria do conhecimento") num sentido kantiano. A palavra epistemologia apareceu pela primeira vez em França em 19019, numa tradução da introdução ao Ensaio sobre os fundamentos da geometria de Bertrand Russell: "Foi apenas a partir de

Kant, o criador da epistemologia, que o problema geométrico recebeu a sua forma atual". Esta tradução dá à palavra o significado de "uma teoria do conhecimento baseada no estudo crítico das Ciências, ou, numa palavra, a Crítica tal como Kant a definiu e fundou". A epistemologia moderna tem assim as suas origens na filosofia kantiana do conhecimento. Mas também se inspira em tradições mais antigas, nomeadamente cartesianas. Foi no início do século XX que a epistemologia emergiu como um campo disciplinar autónomo.

Racionalismo (século XVII)

O racionalismo é uma corrente epistemológica que considera que "todo o conhecimento válido provém exclusiva ou essencialmente do uso da razão". Filósofos gregos como Euclides, Pitágoras e Platão defenderam posições racionalistas, dando primazia às ideias. Mais recentemente, os matemáticos Descartes (1596-1650) e Leibniz (1646-1716), bem como o filósofo Kant (17241804), têm sido associados a esta corrente, que privilegia o raciocínio em geral e, mais particularmente, o raciocínio dedutivo (ou analítico), que passa do abstrato ao concreto como mecanismo de produção de conhecimento.

É importante compreender aqui que, para os racionalistas, a experimentação está excluída do mecanismo de produção de novos conhecimentos. A experimentação (ou interação com a realidade) serve, no máximo, para verificar o que foi deduzido, e na medida em que o que foi deduzido é evidente. Para os racionalistas, o conjunto de todos os raciocínios possíveis engloba necessariamente o conjunto de todas as experiências possíveis, e a razão, por si só, é suficiente para separar as experiências que são possíveis na realidade daquelas que são possíveis apenas na imaginação.

Historicamente, o conhecimento associado ao domínio da geometria tem desempenhado um papel importante no desenvolvimento e justificação da posição epistemológica racionalista. Por exemplo, a Britannica (2001) relata que Platão, no seu diálogo intitulado Meno, realça a natureza certa, universal e inata do conhecimento, contando como Sócrates conseguiu que um jovem escravo analfabeto demonstrasse, passo a passo e sem o ensinar, o teorema de Pitágoras aplicado à diagonal de um quadrado. Mais tarde, no início do século XVII, o inventor da geometria analítica, o matemático francês René Descartes, assumiria a posição racionalista, tentando aplicar o rigor e a clareza da matemática ao domínio da filosofia. ʌ' No seio do movimento racionalista, podemos distinguir, entre outros, o platonismo, que acredita numa "harmonia inerente à natureza que se reflecte na nossa mente", e o criticismo de Kant (17241804), que considera que o conhecimento depende de estruturas inscritas a priori na mente humana que possibilitam a perceção da realidade. Um professor de ciências com filiação racionalista tenderá, obviamente, a insistir na importância do raciocínio (em detrimento da experiência), chegando mesmo, em casos extremos, a eliminar completamente a experimentação do processo de aprendizagem do aluno. Para este professor, uma aula de ciências é uma série de raciocínios analíticos que o aluno deve ser capaz de compreender, reproduzir e dominar.

Empirismo (século XVIII):

O empirismo opõe-se radicalmente ao racionalismo, propondo que todo o conhecimento provém essencialmente da experiência. Esta tendência é reconhecível nas proposições generalizantes do filósofo grego Anaxímenes (610-545 a.C.). Os filósofos ingleses Bacon (1561-1626), Locke (1632-1704) e Berkeley (1685-1753) estão associados a esta corrente, que propõe que as ciências progridam através da acumulação de observações das quais se podem extrair leis através de um raciocínio indutivo (ou sintético) que parte do concreto para o abstrato. Para os empiristas, as observações são a chave para a compreensão da realidade.

A dedução está excluída do mecanismo de produção de novos conhecimentos. A dedução é apenas uma etapa temporária utilizada para elaborar uma hipótese ou para simplificar a descrição de todas as observações efectuadas pelos cientistas num determinado momento. Os empiristas são mais flexíveis na sua definição de raciocínio, nomeadamente no que diz respeito ao raciocínio indutivo. Uma vez que só as experiências contam, o único objetivo do raciocínio é produzir ideias que permitam a realização de novas experiências. Privilegia-se, portanto, o raciocínio criativo em vez do rigoroso, e talvez devêssemos chamar abdução ou conjetura à indução científica que, a partir de um conjunto de experiências conhecidas, permite imaginar novas experiências. Para os empiristas, a falta de rigor do raciocínio não o impede necessariamente de contribuir para o avanço do conhecimento, uma vez que o único verdadeiro rigor vem da experiência e a natureza não é necessariamente responsável perante a razão.

Historicamente, a obra de Newton (1642-1726), com a sua ênfase nas experiências, contribuiu significativamente para a difusão da posição empirista. A aplicação deste método permitiu a Newton e aos seus contemporâneos descrever as forças da mecânica (nomeadamente a gravidade) e construir um modelo corpuscular da luz. Um pouco mais tarde, Coulomb (1736-1806) utilizou o mesmo método para demonstrar a força eléctrica. Na química, Lavoisier (1743-1794) baseou-se nos trabalhos de Newton sobre a luz para lançar as bases da química moderna, propondo um método experimental de identificação dos elementos fundamentais.

No movimento empirista, é feita uma distinção entre o materialismo, que propõe que tudo o que não é experiência material direta não existe, o sensualismo, que propõe que todo o conhecimento provém das sensações, e o instrumentalismo, que propõe que toda a teoria é uma ferramenta, um instrumento de ação, e que não nos diz nada sobre a natureza da realidade. Um professor de ciências empirista tenderá a insistir na importância da experimentação por parte dos alunos, a fim de demonstrar leis aproximadas ou testar hipóteses. O raciocínio que permite deduzir rigorosamente essas leis será considerado não essencial e, em casos extremos, poderá ser eliminado do processo de aprendizagem do aluno. Para este professor, uma aula de ciências é uma série de experiências cruciais que o aluno deve conseguir compreender, reproduzir e dominar.

Positivismo (século XIX):

Embora o filósofo grego Sextus Empiricus (160-210), que viveu no início do século III, tenha adotado uma posição positivista ao insistir na suspensão de qualquer juízo, o movimento positivista é geralmente atribuído ao filósofo Auguste Comte (1718-1857) e aos físicos Mach (1838-1916), Bridgman (1882-1961) e Bohr (1885-1962). ıO movimento positivista inspira-se no empirismo, na medida em que se centra unicamente nos factos observacionais, mas reconhece a importância do raciocínio, acrescentando que as ciências recorrem à matematização para ligar os dados experimentais da forma mais simples possível.

Note-se que os positivistas insistem no rigor do raciocínio indutivo, que permite passar dos factos às hipóteses. Positivistas como o filósofo e economista Stuart Mill (1806-1873) e o geneticista Fisher (18901962) desenvolveram métodos indutivos, baseados em probabilidades e estatísticas, para obter leis prováveis a partir de um conjunto de medições. No entanto, é preciso dizer que, até à data, não existe uma lógica indutiva rigorosa que não contenha uma componente puramente convencional. Sendo o raciocínio indutivo essencial (para os positivistas) para a evolução da ciência (segundo a célebre frase de Augusto Comte "ver é prever"), as teorias produzidas não têm qualquer valor em si mesmas para além de estarem ligadas aos factos. Não nos dizem nada sobre a realidade que não esteja já contido nos próprios factos. Por conseguinte, para os positivistas, "a ciência descreve o como das coisas sem poder dizer nada sobre o seu porquê".

Historicamente, esta distinção muito clara entre observações (o como) e modelos matemáticos (o porquê) é particularmente importante para compreender o que levou os positivistas a distinguirem-se dos empiristas. Por exemplo, o trabalho experimental de Dalton (1766-1844), que fundou o atomismo químico, levantou a questão fundamental de saber se os átomos existiam realmente. Os empiristas da época acreditavam geralmente que os átomos existiam de facto, uma vez que eram necessários para explicar os resultados experimentais. Os positivistas opunham-se ferozmente à existência de átomos porque estes não eram diretamente observáveis: os átomos eram modelos (o porquê) utilizados para explicar experiências (o como). Para os positivistas, os modelos eram criações humanas que não tinham rigorosamente nenhum valor para além de serem úteis. Os positivistas opunham-se categoricamente a qualquer coisa nos modelos científicos que não pudesse ser diretamente observada. Por exemplo, segundo Feigl (2001), para os positivistas, os infinitesimais utilizados por Newton para calcular o movimento dos corpos sujeitos a forças não passavam de artifícios matemáticos; o vácuo entre os átomos não podia existir, e preferiam um meio real: o éter; a noção de espaço e de tempo absolutos utilizada por Newton não podia ser real; o espaço e o tempo tinham sempre de ser medidos em relação a algo material. Para os positivistas, o facto de os modelos não terem valor em si mesmos abria a porta à possibilidade de vários modelos diferentes (e mesmo contraditórios) poderem explicar as mesmas observações com a mesma eficácia. [1]Assim, a emergência do movimento positivista favoreceu, de certa forma, a proliferação de modelos. O debate entre o modelo corpuscular da luz proposto por Newton e o modelo ondulatório proposto por Fresnel (1788-1827) é um exemplo disso. O positivismo é frequentemente associado a uma tendência excessiva para a classificação e a organização. Os positivistas tendem a acreditar, por exemplo, que existe um método experimental universal com etapas precisas que garante o progresso da ciência. O positivismo está também associado à subordinação das ciências entre si, segundo uma classificação rigorosa, e a uma ordem universal do conhecimento e da sociedade humana. Em casos extremos, as teses distorcidas do positivismo deram origem à ideologia cientista.

Dentro do movimento positivista, segundo Kremer-Marietti (1993, pp. 10-11), distinguimos entre o convencionalismo de Poincaré (1854-1912), que propõe que as hipóteses não têm valor cognitivo em si mesmas, o pragmatismo de James (1842-1910), que propõe, segundo Le Moigne (1995, p. 55), que "o verdadeiro consiste simplesmente no que é vantajoso para o pensamento", e o positivismo lógico de Carnap (1891-1970), que propõe que os processos cognitivos envolvidos na elaboração de representações devem ser susceptíveis de serem construídos ou reconstruídos. O positivismo lógico é por vezes apresentado como um dos precursores do construtivismo.

Um professor de ciências positivista tenderá a reconhecer a importância complementar da experimentação e do raciocínio na aprendizagem do aluno, dando ênfase ao processo de análise estatística de um conjunto de medições para obter um modelo tão simples quanto possível. Para este professor, uma aula de ciências é uma série de experiências que os alunos devem ser capazes de compreender, reproduzir, dominar e ligar logicamente entre si através de um raciocínio indutivo rigoroso.

Construtivismo (século XX) :

Algumas das ideias dos sofistas gregos podem ser associadas à herança da posição construtivista. Por exemplo, a conceção de Heráclito (550-480 a.C.) sobre a ambiguidade da realidade e a fórmula de Protágoras (485-410 a.C.): "O homem é a medida de todas as coisas". O movimento construtivista surgiu no século XX graças ao matemático holandês Brouwer (1881-1966), que utilizou o termo construtivista para caraterizar a sua posição sobre a questão dos fundamentos em matemática, que se opunha à posição formalista de Hilbert. Os matemáticos que tentaram responder à questão dos fundamentos da matemática são geralmente agrupados em três escolas: a escola logística, que tenta basear toda a matemática na lógica das proposições; a escola formalista, que tenta demonstrar a consistência de todos os axiomas fundamentais da matemática; e a escola construtivista, que aceita como verdadeiro apenas o que pode ser construído (num número finito de passos) a partir de ideias que a intuição aceita como verdadeiras.

As duas primeiras escolas depararam-se com obstáculos intransponíveis. Os membros da escola logística consideraram impossível definir completamente a lógica da construção matemática sem recorrer a resultados da matemática. Para os formalistas, Godel demonstrou, em 1931, que não era possível demonstrar a consistência de qualquer teoria suficientemente poderosa para englobar a teoria dos números inteiros. No final, mesmo a escola construtivista teve de aceitar o facto de não poder abranger todo o domínio da matemática clássica num único conjunto. Parece, pois, impossível reunir as matemáticas num sistema coerente e completo que não contenha uma componente subjectiva a que os construtivistas chamam intuição. "A matemática caminha sobre dois pés, a intuição e a lógica, [...] o primeiro passo é a intuição; a lógica vem a seguir...".

A posição construtivista foi assumida pelos psicólogos suíços Piaget e Garcia, que se interrogam sobre a possibilidade de obter sempre relações objectivas que sirvam de base à ciência. A ausência de uma relação objetiva invalida evidentemente qualquer processo de verificação formal. Ao abandonar a objetividade, o movimento construtivista propõe que as ciências construam (em vez de revelarem) uma realidade possível com base em experiências cognitivas sucessivas. Os construtivistas não rejeitam a existência de uma realidade última, mas afirmam que ela não pode ser conhecida. O movimento construtivista, que não está muito presente nos círculos científicos tradicionais, desempenha um papel importante na psicologia e na didática. Em psicologia, por exemplo, o termo construtivismo é utilizado para descrever o modelo adotado para compreender a atividade cognitiva de um sujeito, enquanto em didática o termo é utilizado para descrever certos procedimentos de ensino em que o aluno está no centro da aprendizagem.

No âmbito do movimento construtivista, é feita uma distinção entre o construtivismo trivial, que propõe que "o conhecimento não pode ser transmitido passivamente, mas deve ser ativamente construído pelo sujeito", e o construtivismo radical, que retoma a proposta anterior e acrescenta que "a cognição deve ser vista como uma função adaptativa que serve para organizar o mundo da experiência e não para descobrir uma realidade ontológica". Um professor de ciências de convicção construtivista tenderá a insistir no carácter arbitrário do conceito de cognição.

ou subjetivo dos modelos científicos, incentivando os alunos a construírem o seu próprio conhecimento. Para este professor, a experimentação serve apenas para verificar a coerência interna da construção. Para este professor, uma aula de ciências corresponde a uma série de modelos atualmente reconhecidos pela comunidade científica, que o aluno deve conseguir compreender, construir e dominar. Um professor que adopte a conceção construtivista da ciência tenderá também, obviamente, a adotar procedimentos pedagógicos construtivistas em que o aluno é o centro do processo de aprendizagem.

Realismo (século XX):

O filósofo grego Aristóteles (384-322 a.C.) defendeu uma posição que pode ser descrita como realista, devido à sua preocupação em construir alguns dos seus modelos com base em observações sistemáticas da natureza. O realismo propõe que os modelos científicos são aproximações de uma realidade objetiva que existe independentemente do observador. Ao contrário do racionalismo, do empirismo e do positivismo, o realismo não adopta um mecanismo preciso para o avanço do conhecimento, mas reconhece a complementaridade das diferentes abordagens. É geralmente associado aos físicos Planck (1858-1947) e Einstein (1879-1955).

É o reconhecimento da existência de uma realidade para a qual os modelos científicos tendem que distingue o realismo do construtivismo. Em contraste com a proposição construtivista radical de que o observador constrói a realidade, o realismo propõe que o observador faz parte da realidade. ıPor outras palavras, a realidade reage de uma forma coerente (na medida em que a realidade é coerente) independentemente do modelo escolhido para a descrever.

Historicamente, os trabalhos de Michelson (1852-1931) sobre a velocidade da luz e os de Einstein sobre a relatividade, em 1905, contribuíram para diminuir a influência da posição positivista (a favor da posição realista), pondo seriamente em causa a necessidade da noção de éter, até então defendida pelos positivistas. ıDo mesmo modo, os trabalhos de Rutherford (1871-1937) sobre o núcleo atómico e os de Bohr (1885-1962) sobre as órbitas dos electrões em torno do núcleo reforçaram a hipótese da existência real dos átomos, à qual os positivistas se tinham oposto desde o início. Neste contexto, a posição realista distingue-se da posição positivista na medida em que reconhece uma certa realidade nos modelos desenvolvidos, que pretendem ser aproximações cada vez mais exactas de uma única realidade.

O realismo está muito presente entre os cientistas contemporâneos, que distinguem entre o realismo ingénuo, que está associado à "tendência para tomar o modelo como realidade", e o realismo crítico, que propõe que "as teorias científicas são aproximações sucessivas da realidade".

Um professor de ciências realista tenderá a salientar os papéis complementares do raciocínio indutivo, do raciocínio dedutivo e da experimentação na procura de novos conhecimentos científicos, a insistir na diferença entre modelos (que são produzidos pelos cientistas) e realidade (que existe independentemente dos modelos) e a reconhecer uma componente subjectiva e criativa no desenvolvimento das teorias científicas.

Para este professor, uma aula de ciências é uma série de experiências, raciocínios e modelos que o aluno deve conseguir compreender, construir e dominar para poder prever o mundo que o rodeia.

Capítulo 2 : Planear a aprendizagem

Geral

A didática em geral, e a matemática em particular, estuda as interacções que se podem estabelecer durante uma situação de ensino ou de aprendizagem entre um saber identificado, um professor que fornece esse saber e um aluno que recebe esse saber. Já não se contenta em tratar a matéria a ensinar de acordo com esquemas pré-estabelecidos; coloca como condição necessária a reflexão epistemológica do professor sobre a natureza do saber que terá de ensinar e a tomada em consideração das representações do aprendente (epistemologia do aprendente) em relação a esse saber,

Triângulo didático

É a representação esquemática do sistema didático que aparece em qualquer transferência de conhecimento entre um professor e um aluno, e é moldada pelas interacções produzidas entre os seguintes pólos: Saber, Professor, Ensinado.

O principal objetivo desta representação é contrastar com os clássicos diagramas lineares professor-aluno. É uma tentativa de compreender e modelar uma situação mais complexa.

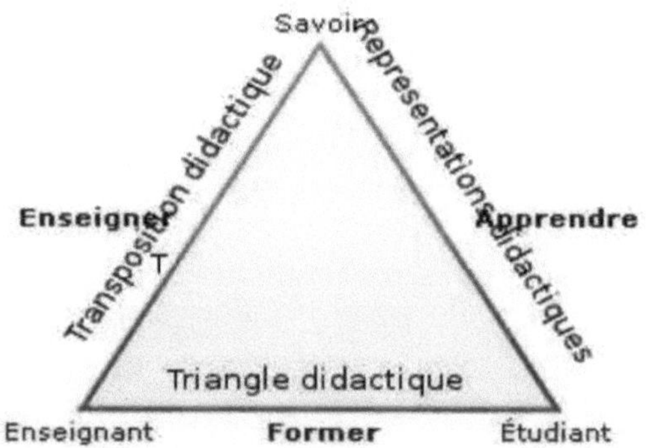

Contrato de ensino

Para que a turma funcione "bem", as responsabilidades e as

expectativas entre o professor e os alunos devem ser partilhadas, de forma explícita ou implícita. Os professores e os alunos esperam algo uns dos outros. Este "algo" diz respeito ao ensino e à aprendizagem. A eficácia da relação depende da compreensão mútua das intenções de cada um, o que determina os papéis respectivos do aluno e do professor na sala de aula em relação ao conhecimento. O contrato didático é o conjunto de obrigações recíprocas que cada parceiro impõe ou acredita impor, explícita ou implicitamente, ao outro em relação ao saber ensinado. O contrato didático é o resultado de uma negociação implícita; define a situação didática (condições de ensino-aprendizagem).

Abordagens didácticas

Embora o objeto da didática da matemática seja o mesmo: estudar, durante uma situação de ensino-aprendizagem, as interacções produzidas entre os três pólos do triângulo didático: Conhecimento, Professor, Ensinado. Podem distinguir-se várias abordagens e metodologias, nomeadamente

- Epistemológica, que se define como uma reflexão sobre os saberes docentes. Interessa-se pela sua natureza cognitiva (saber ou saber-fazer); pelo seu estatuto epistemológico (saber académico ou saber social); pela metodologia da sua construção (transposição ou elaboração do saber); pela sua história institucional ...
- Psicológica, que se define pela investigação das condições de apropriação dos conhecimentos. A sua análise incide menos sobre os conceitos e noções em si mesmos e mais sobre as condições em que são construídos: os pré-requisitos que pressupõem, as representações comuns que os aprendentes têm deles, os diferentes tipos de obstáculos que podem suscitar...
- Sociológica, que se define pela investigação sobre a intervenção pedagógica. Preocupa-se principalmente com a organização das situações de ensino, a construção de ciclos ou sequências didácticas, a adaptação ao tipo de público, em suma, a abordagem da sala de aula e o seu próprio funcionamento.

Didática vs. pedagogia

A oposição entre pedagogia e didática é absurda: estes dois domínios são evidentemente complementares e é do interesse do profissional interessar-se pelos resultados publicados por estes dois ramos de investigação, se quiser aumentar a eficácia do seu ensino.

A pedagogia é definida como qualquer atividade realizada por uma pessoa para desenvolver uma aprendizagem específica nos outros. Para clarificar o significado do termo pedagogia, é importante distinguir entre pedagogia e didática.

- Os pedagogos procuram responder a questões diretamente relevantes para o seu trabalho educativo: "O que sabemos sobre a aprendizagem humana que nos permita desenvolver estratégias de ensino eficazes?" ou "Qual seria o método de ensino mais eficaz para um determinado tipo de aprendizagem?" ou "Como podemos incentivar as crianças a aprender a ler utilizando um pequeno jornal na escola primária?

- O pedagogo é, portanto, considerado um profissional que se preocupa sobretudo com a eficácia das suas acções. É um homem do terreno e, como tal, está constantemente a resolver problemas concretos de ensino-aprendizagem. A principal fonte da sua "intuição pedagógica" é a ação e a experimentação, das quais retira validação e encorajamento;

- O didático, por outro lado, é, antes de mais, um especialista no ensino da sua disciplina. Concentra-se nas noções, conceitos e princípios da sua disciplina que devem ser transformados em conteúdos de ensino. Avalia também o nível dos seus alunos (dificuldades individuais, representações pessoais, etc.) para identificar os obstáculos epistemológicos ou psicológicos que devem ser ultrapassados para os levar a aprender. O trabalho do didático é, portanto, essencialmente um trabalho de tratamento da informação: identificar e transformar o "saber escolar" em "saber a ensinar". A isto chama-se "transposição didática".

Transposição didática

Devemos o conceito de "transposição didática" a Yves Chevallard (1985) que, ao constatar a chegada de novos conhecimentos ao sistema de ensino, se colocou as duas questões seguintes:

1. De onde vêm estes novos objectos de ensino?
2. Como é que eles chegaram lá?

Chevallard (1985) define a transposição didática como sendo "um conteúdo de saber designado como saber a ensinar que, em seguida, é submetido a um conjunto de transformações adaptativas que o tornam apto a ocupar o seu lugar entre os objectos de ensino. O processo de transformação de um objeto de saber a ensinar num objeto de ensino chama-se transposição didática". O processo de transposição didática pode ser resumido da seguinte forma:

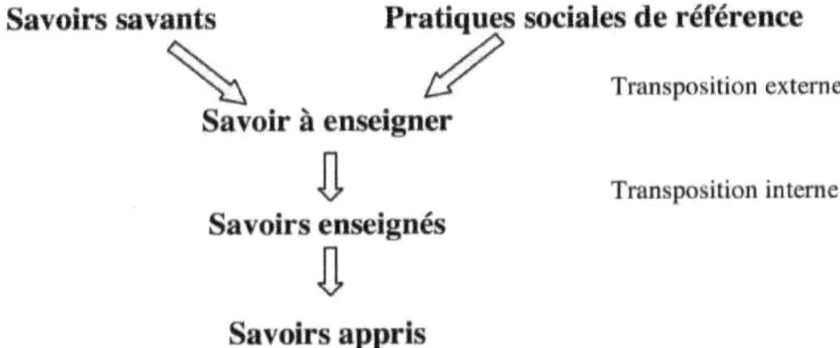

- Por **"saber académico"** entendemos um saber reconhecido como pertinente e validado pela comunidade científica especializada, que o legitima e lhe confere um rótulo de rigor e de interesse (Le Pellec, 1991; Audigier, 1988).
- O **"saber a ensinar"** é aquele "que é descrito e especificado", em todos os textos "oficiais" (programas, instruções oficiais, comentários, etc.); estes textos definem conteúdos, normas e métodos" (Audigier, 1988).
- **O** "conhecimento **ensinado**" é o conhecimento que o professor construiu e que vai aplicar na sala de aula. É o conhecimento que é ensinado durante as aulas.
- **O "saber aprendido"** refere-se ao conjunto de conhecimentos adquiridos por aprendizes.

Os didactas distinguem duas etapas na transposição didática:

A primeira é denominada **"transposição didática externa"**, porque tem lugar fora do sistema de ensino, fora da sala de aula. É regida por aquilo a que Chevallard (1985) chama a "noosfera", literalmente "a esfera onde pensamos". A noosfera é, portanto, o conjunto de pessoas que pensam sobre os conteúdos de ensino: académicos interessados nos problemas de ensino, representantes do sistema educativo (por exemplo, o presidente de uma associação de professores), autores de manuais escolares, inspectores escolares, representantes da sociedade (por exemplo, o presidente de uma associação de pais) e representantes do mundo político (o Ministro da Educação, o(s) seu(s) chefe(s) de departamento, etc.).

A segunda fase é designada por **"transposição didática interna".** Consiste em adaptar e transformar o saber a ensinar, tal como figura nos programas e manuais escolares e, consequentemente, o saber académico de que deriva, em saber ensinado. É o trabalho dos professores e das suas práticas na sala de aula. Por conseguinte, é difícil saber que saberes são ensinados (Le Pellec, 1991). É normal assumir que o saber ensinado é necessariamente diferente do saber académico porque não tem a mesma origem, nem a mesma função, nem o mesmo destino. Seria incongruente que um investigador, depois de apresentar os resultados da sua investigação, propusesse trabalhos de casa aos seus ouvintes. A função do investigador é investigar, descobrir se possível, e não ensinar. O professor, por seu lado, terá de conceber actividades pedagógicas, preparar exercícios e produzir documentos de apoio. A sua função é aumentar a probabilidade de os alunos se apropriarem dos conhecimentos. A distância entre o saber académico e o saber ensinado pode, portanto, ser muito grande, como ilustra o cenário seguinte (Clerc, Minder, Roduit; 2006):

- Um investigador comunica os resultados da sua investigação aos seus pares através da publicação de um artigo numa revista científica;
- Um jornalista especializado escreve um artigo popular sobre o assunto;
- O autor de um manual remete para a publicação anterior;
- Um professor utiliza o manual como inspiração para uma sequência de ensino sobre o tema do artigo.

Tardy (1993) sugere exemplos das transformações que o conhecimento ensinado deve efetuar no conhecimento académico: Os termos técnicos, geralmente reservados aos especialistas, devem ser evitados em favor de palavras do quotidiano. A transposição terminológica significa, portanto, falar da mesma coisa de uma forma diferente. O saber ensinado deve (frequentemente) limitar-se a apresentar os resultados da investigação como verdades, ou como factos reais e verdadeiros. Por outras palavras, o saber ensinado não está aberto à discussão, ao passo que o saber académico é frequentemente objeto de debates acesos. O saber ensinado recorre muito mais frequentemente a exemplos para ilustrar os seus pontos de vista do que o saber académico.

Note-se que há formas de ensino em que o saber de referência não é o único saber escolar, quer porque esse saber simplesmente não existe (é o caso da educação física, por exemplo), quer porque o objetivo do ensino o leva a privilegiar outra referência. Por exemplo, para um técnico de aquecimento, a noção de energia dissipada durante o trajeto de uma onda constitui uma perda de eficácia, ao passo que para um técnico de telecomunicações é um ganho, uma vez que essa energia permite o aquecimento que ele quer produzir no material. As práticas sociais de referência referem-se, assim, a todas as actividades sociais (vividas, conhecidas ou imaginadas) que servirão de referência para a construção do saber a ensinar e do saber a ser ensinado. Permitem que os alunos dêem sentido ao que aprendem e que os professores dêem sentido ao que ensinam. Trata-se de colocar a questão: "Qual é o sentido disto na sociedade?" (Martinand, 1985).

Capítulo 3 : Gestão da aprendizagem

Contrato de ensino

Introdução:

De acordo com Brousseau (1990), o contrato didático é o conjunto de comportamentos do professor que são esperados do aluno e o conjunto de comportamentos do aluno que são esperados do professor. Este contrato é o conjunto de regras que determinam explicitamente, em pequena medida, mas sobretudo implicitamente, o que cada parceiro da relação didática terá de gerir e pelo qual será, de uma forma ou de outra, responsável perante o outro.

A regra do jogo (Brousseau; 1990) em todas as situações de ensino é que o professor tenta dar a conhecer ao aluno o que quer que ele faça, mas não o pode dizer de tal forma que o aluno tenha simplesmente de cumprir uma série de ordens. Assim, é negociado um contrato de ensino que determinará explicitamente em parte, mas sobretudo implicitamente, o que cada parceiro será responsável por gerir. Desta forma, quando se estabelece um contrato, cada parceiro conhece as expectativas do outro sem ter de dizer quais são as suas.

No entanto, o contrato didático coloca o professor perante uma verdadeira injunção paradoxal: tudo o que o professor faz para "obrigar" o aluno a comportar-se da forma que o professor espera, tende por vezes a privar o aluno das condições necessárias à compreensão e à aprendizagem do conceito em questão: se o professor diz o que quer, já não o pode obter.

Carácter implícito :

Um dos principais problemas do contrato de ensino é o seu carácter implícito. Tudo se passa na situação escolar como se os parceiros tivessem de respeitar cláusulas que nunca foram discutidas e que só são explicitadas quando são violadas. Isto não se deve ao facto de o professor tentar esconder algo dos alunos, mas porque tanto ele como os seus alunos estão vinculados a este contrato que os ultrapassa e que caracteriza a situação de ensino. O famoso exemplo da idade do capitão ilustra bem este carácter implícito: um professor coloca a seguinte questão aos seus alunos: "Há 26 ovelhas e 140 cabras num barco. Que idade tem o capitão? Surpreendentemente, de uma amostra de 97 alunos, 76 deram a idade do capitão utilizando os números do enunciado. Stella BARUK (2016) comenta esta situação paradoxal com as seguintes palavras significativas: "O ensino da matemática tal como é feito atualmente transforma os alunos em 'autómatos', uma vez que podem responder a perguntas absurdas de uma forma absurda.

Duas formas de o ver. Para tentar compreender este paradoxo, é preciso imaginar dois pontos de vista:

- Ponto de vista do aluno: Uma vez que o professor lhe deu afirmações, tem de utilizar todos os dados para responder às questões colocadas;
- O ponto de vista do professor: os dados dos enunciados não têm necessariamente de ser todos utilizados. O aluno deve selecionar o que é mais adequado para resolver o problema colocado.

Sistema implícito de obrigações recíprocas. O contrato didático, em grande parte implícito, determina o que cada parceiro (o professor e o aluno) é responsável por gerir e pelo qual será, de uma forma ou de outra, responsável perante o outro. O contrato didático define tanto a tarefa do aluno como a do professor, sendo que nenhum deles pode substituir o outro sem colapsar a tarefa de aprendizagem. O contrato didático depende, antes de mais, da estratégia de ensino adoptada. As escolhas pedagógicas, o estilo de trabalho exigido aos alunos, os objectivos de formação, a epistemologia do professor e as condições de avaliação são determinantes essenciais do contrato didático, que deve ser adaptado a estes contextos.

Restrições e dependências. Existem dois exemplos:

- ***Aspeto estático:*** O contrato didático é sempre anterior à situação didática e sobredetermina-a. O professor está vinculado a ele tanto quanto o aluno, no que lhe diz respeito. O contrato nunca é estático; pode evoluir no decurso da atividade de ensino. A aquisição de conhecimentos pelos alunos é o desafio fundamental do contrato didático. Em cada nova etapa, o contrato é renovado e renegociado. Na maior parte das vezes, esta renegociação passa despercebida.

- **Evitar o pior**: O contrato de ensino é mais visível quando é violado por um dos parceiros da relação pedagógica. Uma grande parte das dificuldades dos alunos pode ser explicada pelos efeitos de um contrato mal redigido ou mal compreendido (o aluno não sabe exatamente o que se espera dele). Muitos mal-entendidos e sentimentos de intimidação resultam de um contrato didático mal adaptado ou mal compreendido. A vontade de adaptação dos alunos pode esbarrar com a inconstância de um professor cuja vontade nunca é clara. Estas situações podem conduzir a uma recusa de aprendizagem e, em casos extremos, ao insucesso escolar.

Cenário ideal. Um professor que queira garantir o sucesso do seu contrato didático com os seus alunos deve respeitar as seguintes atitudes:

- **Recordação das regras:** Durante uma sessão em que o objetivo é ensinar conhecimentos específicos a um aluno, este interpreta a situação que lhe é apresentada, as questões colocadas, as informações fornecidas e as limitações impostas de acordo com o que o professor repete, consciente ou inconscientemente. Numa atividade de sala de aula, tudo se passa como se os parceiros (alunos e professor) tivessem de cumprir cláusulas que nunca foram enunciadas e muito menos discutidas.

- **Recapitulação do objetivo:** Não se trata de um verdadeiro contrato, uma vez que é implícito e não negociado. No entanto, as intenções do professor devem ser claras para os alunos. A atitude do professor é importante para a realização das actividades na sala de aula. Uma vez definido o projeto, a primeira coisa que cada um deve fazer é levá-lo até ao fim, fazer um balanço do que sabe, identificar as suas necessidades, começar a pesquisar e a escrever.

- **Favorecer o diálogo:** nos momentos de confronto, as opiniões de todos são escutadas e integradas no projeto coletivo, através do hábito de dar conselhos. Em caso algum se julga, avalia ou classifica. A palavra em grupo é livre, sem a intervenção dos adultos, e os progressos, as interrogações e as pausas perante os obstáculos nunca dão lugar a julgamentos, apreciações, apreciações ou avaliações.

- **Como organizar-se:** Quando pesquisam, os alunos sabem que o professor tem a resposta à sua pergunta, ou pelo menos uma resposta. Será suficiente fazer uma pergunta ao professor para o ajudar a encontrar a resposta, a investir nela e a desenvolver as suas ideias? Responder a uma pergunta com uma pergunta, organizar as ideias do grupo em torno da pergunta, fazer saltar perguntas, ajudar a enumerar estratégias de procura de informação, recusar o óbvio, etc., são condições necessárias para que os alunos possam encontrar as respostas que procuram. são todas condições necessárias para que os alunos se envolvam num processo de investigação.

- **Algumas dicas:**

  - As notas e as classificações são sempre um erro;
  - Fale o menos possível;
  - A criança não gosta do trabalho de rebanho, ao qual o indivíduo deve conformar-se. Gosta do trabalho individual ou do trabalho de equipa no seio de uma comunidade cooperativa;
  - A ordem e a disciplina são essenciais na sala de aula;
  - Os castigos são sempre um erro. São humilhantes para todos e nunca atingem o objetivo desejado;
  - A nova vida da escola pressupõe a cooperação escolar, ou seja, a gestão pelos utilizadores, incluindo o professor, da vida e do trabalho escolar.

- **Atitude na sala de aula.** As atitudes do professor devem ser claras para os alunos, para que eles possam ver o objetivo das mesmas. "Eu sei a resposta à sua pergunta, mas o que estou a fazer aqui consigo é orientá-lo para aprender, para progredir no projeto. Vamos descobrir juntos. Como é que o vamos fazer*?"*

- Que problema é que um contrato de ensino resolve?

- Como é que esta ideia pode ser divulgada sem reduzir a sua novidade para os outros? Não basta que o inventor tenha a ideia, é preciso que os outros a esperem, mas como podem esperar uma ideia que não têm?
- Este é o problema de qualquer professor: criar para os outros as condições que tornarão necessário o que lhes está a ensinar e, ao mesmo tempo, ocultar a sua novidade apresentando-a como uma nova forma do que já é conhecido. Por outras palavras, colocar o problema que a nova ideia resolve e apresentar a solução como uma organização de elementos conhecidos, muito antes de mostrar a importância do problema e a originalidade da construção;
- O professor é levado a propor uma atividade que faz sentido para o aluno independentemente dos conteúdos de ensino, porque está empenhado em ensinar mesmo antes de o aluno começar a estudar.

Didática falhada

Exemplo de Chevallard (1985):

No 4º ano do ensino secundário, um aluno que, quando lhe pediam para fatorizar "4x2-36x", respondia :

$4x^2 - 36x = 4x^2 - 2.2.x.9 + 92 - 92 = (2x - 9)^2 - 92 = (2x - 9 + 9)(2x - 9 + 9) = 2x(2x - 18)$

Desta forma, o aluno teria demonstrado uma capacidade invulgar (para um aluno do 4º ano) de reconhecer fórmulas algébricas, mas uma incapacidade de reconhecer o tipo de situação problemática com que se deparou. Terá utilizado os seus conhecimentos de produtos notáveis quando lhe foi pedido que efectuasse uma simples factorização. O seu comportamento de resposta, embora válido em princípio, seria, no entanto, "irrelevante em termos do contrato didático pacientemente tecido pelo professor".

Exemplo de multiplicação

Apresentação da multiplicação pelo professor: A multiplicação de um inteiro "a" pelo inteiro "b" é um inteiro "c" que exprime a soma de "b" inteiros iguais a "a", caso contrário: ab = a+a+a+a+a ... +a; onde a aparece b vezes. Para o aluno: a multiplicação é uma adição repetida (algo já conhecido). A multiplicação só é um problema no discurso do professor (novidade). Justificação do novo conhecimento conhecimento real: uma vez nomeado, podemos falar dele e fazer perguntas sobre ele. O aluno pode "multiplicar": um gesto que o seu professor ou os seus pais reconhecerão como fazendo parte desta operação. Utilização do conhecimento e do contrato : O professor pergunta: "Quanto é quatro vezes três? O aluno responde: "Quatro vezes três faz doze".

Interpretação: a lição foi compreendida e pode passar à seguinte. Que conhecimentos foram utilizados em 4+4+4? Resposta: A repetição da adição (não da multiplicação!). Pergunta do aluno: Quando é que a multiplicação deve ser utilizada?

A resposta do professor (os paradoxos da situação de ensino) :

- Se o professor mostra ao aluno o que deve fazer, o aluno cumpre uma ordem mas não aplica os seus próprios conhecimentos;
- Do mesmo modo, se o professor propõe ao aluno uma situação matemática cuja solução já foi ensinada, o aluno reproduz e cita um conhecimento.

O professor deve, por conseguinte, colocar o aluno na situação de ter de resolver um problema matemático cuja solução não lhe foi ensinada e assumir a responsabilidade por um eventual fracasso (nenhum profissional aceitaria um contrato deste género).

Mas nenhum estudante pode reproduzir no tempo previsto conhecimentos que exigiram séculos de reflexão.

O que o professor e o aluno esperam um do outro não pode ser acordado à partida. O aluno espera que o professor lhe ensine conhecimentos suficientes. O professor só pode mostrar o essencial e espera que o aluno produza conhecimentos por si próprio. O professor tem, portanto, de jogar um jogo duplo com o aluno: dar e reter ao mesmo tempo.

Efeitos negativos. Segundo Brousseau, a aquisição de conhecimentos pelos alunos é o desafio fundamental do contrato didático. A cada nova etapa, o contrato é renovado e renegociado. Na maior parte das vezes, esta renegociação passa despercebida. Este tipo de dificuldade é encontrado na passagem da compreensão da lição (assimilação) para a resolução do exercício (aplicação), onde há uma rutura, nem sempre explicada, naquilo que o professor espera que o aluno faça. A negociação constante do contrato didático tende a conduzir a uma revisão em baixa dos objectivos de aprendizagem. O esforço exigido aos alunos pode parecer-lhes demasiado grande. Os professores querem que os seus alunos sejam bem sucedidos. Tende a facilitar-lhes a tarefa de várias maneiras: explicações abundantes, ensinando-lhes "pequenos truques" para resolver problemas. Estas atitudes são verdadeiras violações (por parte do professor) do contrato didático, cujo principal objetivo é levar os alunos a dominar os conhecimentos que estão a ser evitados.

Efeito TOPAZE. Quando um aluno encontra uma dificuldade, o efeito topázio consiste, de uma forma ou de outra, em ultrapassá-la por ele. Quando a ajuda é decisiva, o aluno não faz ele próprio o esforço necessário que o levaria a um nível de compreensão que lhe permitiria realizar a aprendizagem pretendida. O objetivo principal não é, portanto, atingido. O efeito topázio é muito frequente e é muitas vezes necessário para desbloquear os alunos com dificuldades. O professor deve estar consciente do seu funcionamento e das suas consequências.

Baseado na peça de Marcel Pagnol: Topaze dita enquanto caminha.

- "Ovelhas... ovelhas... estavam seguras... num parque; num parque.
- Inclina-se sobre o ombro do aluno e começa de novo). Ovelhas... ovelhas... (O aluno olha para ele, perplexo).
- Vá lá, minha filha, faça um esforço. Eu digo-lhe ovelhas. Étaient (começa de novo com delicadeza) étai-eunnt. Quer dizer, não havia apenas uma ovelha. Havia várias ovelhas.

Para o aluno, tratava-se sobretudo de um problema de ortografia e de gramática. Perante os repetidos fracassos, Topaze negoceia "em baixa" as condições em que o aluno acabará por colocar um s O professor ≪ sugere "a resposta certa" escondendo-a sob códigos didácticos cada vez mais transparentes O professor assume "a maior parte" do trabalho o conhecimento visado desaparece completamente

Exemplo de passagem da multiplicação para a adição :

- O professor : 5x4
- O aluno: 4+4+4+4+4+4= 8+4+4+4=12+4+4=16+4=20

O professor simplifica a tarefa, fazendo com que o aluno obtenha a resposta correcta através da simples leitura das perguntas do professor, em vez de realizar uma verdadeira atividade matemática específica da estrutura proposta.

O efeito JOURDAIN. O comportamento trivial de um aluno é interpretado como a manifestação de um saber adquirido. Isto permite evitar a aprendizagem destes conhecimentos supostamente adquiridos, e cada um dos parceiros desta relação didática pervertida fica feliz por se safar. Mas há um incumprimento do contrato por parte do professor.

- Exemplo de Le Bourgeois Gentilhomme
  - Filo: Então vai escrever prosa.
  - M. Jourdain: Não, não quero prosa nem verso. Filo: Tem de ser uma coisa ou outra.
  - Sr. Jourdain: Porquê?
  - Philo: Porque a prosa ou o verso é a única forma de se exprimir.
  - Sr. Jourdain: É só prosa ou verso?
  - Filo: Sim, senhor. Tudo o que não é prosa é verso e tudo o que não é verso é prosa.
  - M. Jourdain: E quando falamos, o que é que fazemos? Filo: Prosa!
  - Sr. Jourdain: Quando eu digo "Nicole, traz-me os meus chinelos e a minha touca de dormir", isso é prosa? Philo: Sim, senhor!
  - M. Jourdain: Pela minha fé, há mais de quarenta anos que digo prosa sem saber nada sobre o assunto. Filo: É isso que significa ser instruído, senhor.

o professor de filosofia revela a Jourdain o que é a prosa e as vogais o professor reconhece a indicação de um conhecimento erudito nas respostas dos alunos evita a declaração de insucesso o aluno trata de um exemplo e o professor vê a estrutura inserção do conhecimento em actividades familiares

- Um exemplo da matemática

- Aluno: 2x1=2; 1x2=2
- Professor : Isso é bom, sabe que o 1 é neutro para a multiplicação e que a multiplicação é comutativa.
- O aluno obtém a resposta correcta através de um reconhecimento banal e o professor atesta o valor desta atividade através de um discurso matemático e epistemológico erudito.

Efeito do DESLIZAMENTO METACOGNITIVO. Tomar uma técnica, supostamente útil para resolver um problema, como objeto de estudo e perder de vista o verdadeiro conhecimento a desenvolver.

- Como funciona Substitua um problema para o qual o conhecimento matemático a ensinar fornece a solução por um problema para o qual a solução material pode ser facilmente obtida. Interprete este sucesso como prova suficiente da construção do conhecimento em questão.
- Exemplo Estrutura de um grupo: pede-se aos alunos que troquem exaustivamente os potes de iogurte, depois explica-se-lhes que estudaram "uma estrutura matemática de um grupo finito".

Efeito da ESPERA INCOMPREENSIVA. Acreditar que uma resposta esperada dos alunos é evidente.

Exemplo:

- pergunta feita por um professor de história do ensino secundário: "Na Idade Média, as pessoas nas cidades costumavam criar...? "
- Respostas dos alunos: "porcos, crianças, ... "
- Resposta esperada: "Catedrais! "

Efeito do abuso da analogia

A função substitui a construção matemática por uma explicação baseada na manipulação de símbolos substitutos cuja utilização analógica exige novas explicações, etc. O uso de notações analógicas deveria produzir o mesmo conhecimento que o uso de notações matemáticas comuns

Por exemplo, desenhe setas em ambas as direcções entre os nomes próprios de membros da mesma família para explicar a "relação de equivalência"; para os alunos, o significado desta atividade não é o facto de ser o análogo de uma atividade matemática da qual não fazem ideia.

Representações didácticas

Definição:

As representações didácticas são geralmente consideradas como sistemas de conhecimentos que um sujeito mobiliza espontaneamente quando é confrontado com uma questão ou um problema, quer estes tenham ou não sido objeto de aprendizagem (Reuter et al., 2007]). Referem-se a formas particulares de raciocínio que remetem para um modelo explicativo que é anterior à aprendizagem formal. A representação forma um sistema: é um sistema de ideias e de explicações que constituem o quadro de referência dos alunos. A representação é um processo: é evolutiva e pessoal. Permite ao sujeito acrescentar ao sistema o que encontra e integra à medida que a experiência avança, quer seja em privado ou na escola (Halté, 1992). É algo que "já lá está", fruto da experiência inicial.

Para André Giordan (1996), a representação (ou conceção) é composta por vários elementos que interagem completamente:

- O problema: a representação refere-se ao conjunto de questões que conduzem ou provocam a sua aplicação;
- O quadro de referência: a representação baseia-se num conjunto de outras representações que formam um sistema e que são mobilizadas pelo sujeito para produzir a sua nova representação;
- Operações mentais: a representação é o produto de um raciocínio invariante que permite ao sujeito relacionar elementos e fazer inferências;
- A rede semântica: esta organização interactiva produz uma rede de significados capaz de dar à representação um sentido muito específico;
- Significantes: todos os sinais e símbolos que remetem para a forma de expressão do sujeito.

André Giordan e Gérard de Vecchi propuseram substituir o termo "representação" por "conceção" (Giordan, de Vecchi, 1987).

Vantagens e desvantagens:

O valor das concepções construídas pelos alunos reside no facto de lhes fornecerem uma grelha de leitura e de previsão do mundo (Giordan, 1996). Estas grelhas interpretativas permitem-lhe resolver problemas dados através da aplicação de "estratégias cognitivas" (Halté, 1992). Reflectem uma atividade de construção mental da realidade, cuja menor vantagem é a sua funcionalidade e operacionalidade. De facto, são muito práticas, na medida em que são mesmo capazes de explicar certas coisas que, por vezes, não conhecemos! (Develay, 1992).

Giordan e de Vecchi salientam igualmente que as concepções permitem realizar economias cognitivas significativas, salientando que, embora seja dispendioso transformar os seus próprios modelos explicativos, é mais cómodo utilizar esquemas que já foram experimentados e testados (Reuter et al., 2007). A desvantagem é que os aprendentes ficam presos a quadros rígidos que impedem qualquer progresso cognitivo. Uma vez que só conseguem apreender o mundo através destes quadros, as concepções tornam-se a "prisão intelectual" do aluno (Giordan, 1996).

Origens :

Didácticos (Astolfi, Develay, Brousseau, etc.): atribuem pelo menos cinco origens às concepções:

- **Psicogenética (Piaget)**: as concepções são devidas ao desenvolvimento incompleto da criança. A adesão às funções intelectuais da criança (dualismo, antropomorfismo, animismo; egocentrismo, artificialismo, realismo) impede a consideração da realidade objetiva;
- **Epistemológico (Bachelard)**: há formas de pensar que geram obstáculos, incluindo a opinião e todo o "complexo impuro das primeiras intuições". Exemplo de um obstáculo epistemológico: compreender que existe um número infinito de números entre 13 e 14. Outros investigadores postulam que os obstáculos encontrados pelos alunos estão relacionados com a própria natureza do conhecimento;
- **Didática**: as dificuldades aqui são geradas pelas próprias situações didácticas, a forma como o saber escolar constrói uma realidade que estabelece convenções que já não são postas em causa. Um exemplo de obstáculo didático é a forma como o planisfério é apresentado, com equivalências entre norte, acima e acima;
- **Sociológicos (Moscovici)**: neste caso, resultam de representações sociais e de preconceitos. Por exemplo, o pensamento comum sobre a razão necessariamente exógena da doença impede-nos de pensar nas doenças genéticas;
- **Psicanalítico (Freud)**: estes conceitos baseiam-se na fantasia, nos conteúdos psíquicos, nos afectos e na história pessoal do indivíduo.

Conceito e conceção: continuidade ou descontinuidade

A questão que se coloca frequentemente aos pedagogos é a seguinte: a transição entre o conceito e o conceito-alvo deve ser vista como uma rutura ou como uma continuidade? Existem dois tipos de abordagem-resposta:

- **A abordagem construtivista** postula que a aprendizagem não pode ser reduzida a um processo de transmissão linear e vertical de conhecimentos, mas é o produto da transformação de concepções através da agregação de novos conhecimentos dentro do sujeito. Toda a aprendizagem bem sucedida é entendida como uma mudança de concepções (Giordan). Uma visão ideal surgiria então muito rapidamente desta mudança como um caminho suave desde a conceção do aluno até ao conceito científico. Mas será que isto significa que o percurso é linear e contínuo, ou que é marcado por deambulações e rupturas? Para Jean Migne, a representação e o conceito referem-se a dois modos distintos de conhecimento, um figurativo, o outro operativo. Não há, portanto, nenhuma diferença de grau entre eles que os coloque no mesmo continuum. Mesmo que, para Astolfi, tenham em comum características relativamente importantes. Podem ser enunciados, são operativos num determinado domínio de validade e têm um carácter preditivo;

- **A abordagem da "mudança concetual"**: (Joshua e Dupin) propõe passar uma conceção de um estado rudimentar para um estado mais evoluído, fazendo-a subir a escada em direção a uma maior abstração. Segundo Postner, isto pode consistir em apresentar aos alunos conhecimentos a adquirir que seriam mais satisfatórios e produtivos do que as suas próprias representações, porque seriam mais plausíveis e inteligíveis. De acordo com Driver, também se poderia apresentar aos alunos experiências surpreendentes ou contra-exemplos destinados a desestabilizar as suas convicções e a provocar um conflito cognitivo, antes de lhes serem apresentados os modelos científicos.

Outros autores defendem uma outra abordagem, a da criação de debates científicos na sala de aula. Em primeiro lugar, coloca-se uma situação inicial paradoxal, com o objetivo de levar os alunos a formularem hipóteses, que não são mais nem menos do que a expressão de concepções que devem ser modificadas. A fase em que estas hipóteses, ou esquemas explicativos espontâneos, são verbalizadas confere-lhes o estatuto de "modelação inicial". Durante o debate entre pares que se segue, as hipóteses são eliminadas e seleccionadas. Em seguida, são propostos contributos de novos conhecimentos, que requerem um processo de validação explícito e que recebem o estatuto de "experiências de teste". Esta abordagem sócio-construtivista baseia-se no pressuposto de que o espaço de liberdade assim criado é suficiente para permitir a interação social que favorece a aprendizagem.

Só se pode falar de rutura no caso de obstáculos epistemológicos, ou seja, quando o modelo explicativo do aluno e o modelo explicativo científico não pertencem ao mesmo registo de explicação, ou quadro de referência. Isto é particularmente verdade quando o conhecimento procurado é derivado da experiência, da observação ou do senso comum, porque não pode haver continuidade entre o senso comum, este "complexo impuro", e o conhecimento científico (Joshua e Dupin).

O problema é que a conceção não pode ser facilmente ultrapassada, seja por uma simples tomada de consciência por parte dos alunos, seja por uma apresentação contraditória do professor, seja por um contra-exemplo isolado, seja apenas pelo confronto com os colegas. E quando isso funciona, é porque não se tratava de um verdadeiro obstáculo epistemológico. Estes não podem ser negados nem destruídos, por isso têm de ser ultrapassados (Joshua e Dupin).

Dimensões de conceção

Existem duas dimensões

- **A dimensão estrutural**: os didactas falam da existência de uma estrutura estável que seria responsável pelas manifestações superficiais das concepções. A hipótese avançada é que esta estrutura é o produto de processos mentais pré-existentes à atividade intelectual, entendidos como invariantes do pensamento que operam no coração da "caixa negra". André Petitjean distinguiu, assim, a Representação, enquanto atividade sócio-cognitiva "através da qual cada indivíduo categoriza e interpreta os objectos do mundo", das representações apreendidas como produtos do pensamento comum nas suas múltiplas materializações (crenças, discursos e comportamentos);
- A dimensão **funcional**: introduz a ideia de que o design é, antes de mais, uma manifestação particular, parte de uma dada situação, num dado momento, e que estas variáveis devem ser tidas em conta se quisermos apreender o design em ação na expressão dos alunos (Astolfi). É preciso ter em conta que o que percebemos nas concepções dos alunos são sempre respostas a uma solicitação do professor num determinado contexto de produção ao qual essas respostas devem ser relacionadas. Todas as concepções são de natureza relativa, uma vez que organizam o conhecimento em relação a um determinado problema (Migne), reconhecido como pertencente a um determinado domínio de validade e, portanto, dando uma resposta original e adequada. É preciso também lembrar que um conceito nunca funciona isoladamente (Giordan e de Vecchi), mas faz parte de um ou mais sistemas de explicação.

Astolfi e Develay salientam também que, na sua resposta, os alunos procuram situar-se em relação a vários pontos de referência, tais como as expectativas presumidas do professor, a imagem de si próprios que desejam projetar e o ajustamento esperado ao ponto de vista do grupo. Tudo isto são "estratégias circunstanciais", para usar a expressão de Astolfi. Imediatamente disponíveis para o aluno e resultantes do costume didático, têm um forte valor funcional e operativo.

A isto acresce o facto de a interpretação do observador ser tão decisiva quanto relativa, uma vez que a expressão do aluno é descodificada através dos quadros conceptuais do observador. Astolfi e Develay, exortando à prudência, dão exemplos espantosos que mostram o desfasamento entre o enunciado do aluno, marcador de conceção, e a interpretação que dele é feita.

Obstáculo didático

Tipos de obstáculos:

Como disse uma criança: "Quando vai ao Pólo Sul, sente-se como se estivesse de cabeça para baixo? A questão aqui é como lidar com o obstáculo? Ignorá-lo sem o ignorar? Evitá-lo e contorná-lo colocando o problema de forma diferente? Ou siga uma estratégia que consiste em "lidar com ele para o ultrapassar". Existem três tipos de obstáculos: epistemológicos: a natureza é difícil de compreender (específico da tarefa de aprendizagem); didácticos: os instrumentos de ensino impedem a compreensão (específico da escolha dos aprendentes nas suas acções); psicogenéticos: a idade da criança impede a compreensão (específico das faculdades do aprendente). A noção de obstáculo "epistemológico" foi introduzida por Gaston Bachelard (1938). Ele identificou o obstáculo como sendo "causas de inércia" que provocam lentidão e problemas. Para Bachelard, estes obstáculos epistemológicos são também o motor da evolução do conhecimento, pois constituem a rutura que dinamiza o progresso do conhecimento. Brousseau também fala de obstáculos, mas desta vez o obstáculo didático: se as escolhas pedagógicas do professor ou do sistema educativo forem erradas, constituirão um obstáculo à aprendizagem de novos conhecimentos e induzirão o aluno em erro. Um obstáculo didático é, portanto, uma representação negativa da tarefa de aprendizagem, induzida por aprendizagens anteriores e que impede novas aprendizagens. Existe, portanto, um obstáculo quando as "novas concepções" a adquirir estão em contradição com as "concepções anteriores" do aluno. "Um obstáculo didático é uma representação da tarefa, induzida por aprendizagens anteriores, que está na origem de erros sistemáticos e dificulta a aprendizagem atual. "Existe um obstáculo quando as novas concepções a formar estão em contradição com as concepções prévias bem estabelecidas do aprendente" (Bednarz, Garnier, 1989). Encontramos esta ideia de obstáculo também em Piaget, que a vê do ponto de vista da epistemologia genética: para Piaget, o obstáculo deve-se a limitações psicológicas.

Natureza dos obstáculos

A tomada em consideração dos obstáculos numa perspetiva pedagógica implica um conhecimento, pelo menos parcial, das possíveis origens desses obstáculos. Este conhecimento permite, por um lado, identificar esses obstáculos e, por outro, utilizá-los mais eficazmente no ensino. No entanto, o conhecimento das origens desses obstáculos requer competências específicas por parte do professor. Estas podem ser adquiridas em cursos de formação nos centros de formação de professores. Isto é possível se estiverem reunidas as condições para uma formação capaz de desenvolver efetivamente estas competências nos professores. É ilusório pretender conhecer todas as origens possíveis dos obstáculos à aprendizagem, mas é possível propor uma lista não exaustiva de origens possíveis e prováveis dos obstáculos à aprendizagem. Neste sentido, podemos citar as seguintes origens: Obstáculos relacionados com a língua; Obstáculos relacionados com a simplificação do conhecimento para fins didácticos; Obstáculos relacionados com a natureza do próprio conhecimento; Obstáculos relacionados com noções necessárias à compreensão do conceito em estudo; Obstáculos gerados por livros e manuais escolares; Obstáculos gerados por modelos propostos pelo professor ou livros de referência; Obstáculos relacionados com o estilo de aprendizagem do aluno; Obstáculos relacionados com as acções educativas desenvolvidas pelo professor.

Enfrentar o obstáculo

A questão aqui é como lidar com o obstáculo? Ignorá-lo sem o ignorar? Evitá-lo e contorná-lo colocando o problema de forma diferente? Ou siga uma estratégia que consiste em "lidar com ele para o ultrapassar". Todas estas abordagens partem do princípio de que o obstáculo foi identificado, mas convém salientar que, na maior parte dos casos, o professor não tem consciência da existência destes obstáculos que bloqueiam os seus alunos e os impedem de adquirir conhecimentos científicos. A este respeito, Bachelard afirmou: "Fiquei muitas vezes impressionado com o facto de os professores não compreenderem que os seus alunos não compreendem...". Consideração didática dos obstáculos: Como lidar com os obstáculos? sem ter em conta as representações dos alunos, que os condicionam Astolfi (1996) sugere seis etapas necessárias para ter em conta as representações:

- Ouça-os, escutando positivamente o que os alunos têm para dizer;
- Compreenda-os postulando que os erros não são acidentais mas merecem ser analisados;
- Identifique-as: Dado o funcionamento inconsciente das representações, a consciência que cada um tem delas já contribui para o seu desenvolvimento;
- Compará-los ajuda a descentralizar os pontos de vista e revela aos alunos uma diversidade de ideias sobre o mesmo fenómeno que eles não imaginavam existir na sala de aula;
- Ponha-os a falar provocando conflitos sócio-cognitivos, que a psicologia mostra serem alavancas importantes para o desenvolvimento intelectual;
- Acompanhe-as, monitorizando a sua evolução a curto e médio prazo, ao longo da escolaridade obrigatória e, numa primeira fase, no decurso de um único ano. Convém notar que este processo de tomada em consideração das representações levanta algumas objecções devido à gestão do tempo de ensino face a currículos muito sobrecarregados, o que exige um tempo suplementar que a escola não pode fornecer.

A dualidade objetivo-obstáculo

O conceito de objetivo-obstáculo foi introduzido por JEAN-LOUIS MARTINAND na sua tese de doutoramento (1982). MARTINAND procurou juntar dois conceitos a priori contraditórios: obstáculos e objectivos. A propósito desta junção, MARTINAND diz: "uma tentativa de reunir duas correntes, a dos pedagogos que procuram, através de objectivos, tornar as acções didácticas mais eficazes, e a dos epistemólogos que se interessam pelas dificuldades enfrentadas pelo pensamento científico".

Os objectivos úteis consistem em exprimir os objectivos em termos de obstáculos que podem ser ultrapassados, ou seja, dificuldades reais que os alunos encontram e podem ultrapassar no decurso do currículo". Astolfi (1989) forneceu-nos um processo que nos permite implementar o conceito de objetivo-obstáculo:

- Identificar os obstáculos à aprendizagem (incluindo as representações), sem os subestimar ou sobrevalorizar;
- Por outro lado, e de forma mais dinâmica, defina o progresso intelectual correspondente ao seu eventual cruzamento;
- Seleccione o obstáculo (ou obstáculos) que pensa poder ultrapassar no decurso de uma sequência, produzindo um progresso intelectual decisivo;
- Estabeleça o objetivo de ultrapassar este obstáculo;
- Traduza este objetivo em termos operacionais utilizando os métodos tradicionais de formulação de objectivos;
- Construa um ou mais sistemas coerentes com o objetivo e procedimentos para resolver eventuais dificuldades.

Situação de ensino

Eis alguns exemplos:

- **Corrida até 20: O objetivo é que** cada um dos adversários diga "20" acrescentando 1 ou 2 ao número dito pelo outro; um começa, diz 1 ou 2 (exemplo: 1), o outro continua, acrescenta 1 ou 2 a esse número (2, por exemplo) e diz "3"; por sua vez, o primeiro acrescenta 1 ou 2 (1, por exemplo), diz 4, etc;
- **A corrida dos caracóis**: Aos domingos de manhã, um caracol sobe um muro de 4 metros de altura. Em cada dia, sobe 2 metros. Todas as noites, volta a descer um metro. Em que dia atinge o topo do muro?
- **O tangram**: Corte o puzzle o mais cuidadosamente possível em quatro peças. Cada aluno fica com uma peça. Meça as dimensões da peça que possui. Aumente a peça. No final, deve ser capaz de montar o puzzle com todas as peças ampliadas;
- **O lado do puzzle** que mede 4 cm deve medir 6 cm quando ampliado.

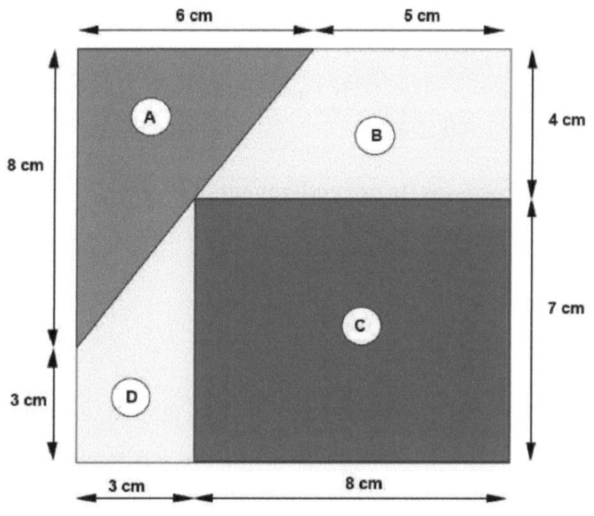

Definição: (Brousseau)

- **Situação**: Uma situação é o conjunto de circunstâncias em que uma pessoa se encontra e as relações que a ligam ao seu ambiente;
- **Situação didática**: As situações didácticas são situações utilizadas para o ensino. O

ambiente do aluno é um instrumento, implementado e manipulado pelo professor;

- **Situação adidáctica**: O professor recusa-se a intervir como detentor do saber que quer ver aparecer. O aluno sabe que o problema foi escolhido para lhe permitir adquirir novos conhecimentos, mas deve também saber que esses conhecimentos são inteiramente justificados pela lógica interna da situação;
- **A devolução** é o ato pelo qual o professor leva o aluno a aceitar a responsabilidade por uma situação de aprendizagem (adidáctica) ou por um problema e a assumir ele próprio as consequências dessa transferência. É o processo através do qual o professor garante que os alunos assumem a sua quota-parte de responsabilidade na aprendizagem.
- **Institucionalização**: O reconhecimento "oficial" pelo aluno do objeto de conhecimento e pelo professor da aprendizagem do aluno. Trata-se de um fenómeno social muito importante e de uma fase essencial do processo de ensino: este duplo reconhecimento é o objeto da institucionalização. É o processo no qual e através do qual o professor indica aos alunos os conhecimentos ou as práticas que eles devem reter como as aprendizagens esperadas.

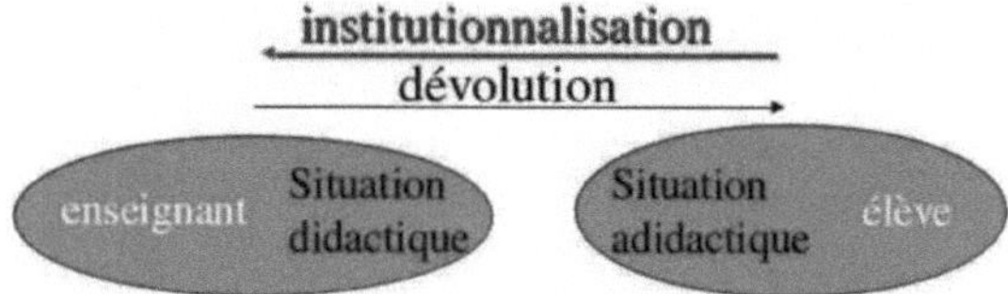

Análise dos processos de aprendizagem

Existem 4 fases diferentes:

- Ação ;
- Formulação ;
- Validação ;
- Institucionalização .

O conhecimento não tem a mesma função durante esta fase e o aluno não tem a mesma relação com o conhecimento. Entre cada fase, há trocas e regulação entre os alunos/grupos e os conhecimentos em questão e, consequentemente, um controlo auto-regulado da aprendizagem (dialética). As 4 fases não se sucedem regularmente, mas entrelaçam-se (vão e voltam).

Dialética da ação

A situação de ação apresenta ao aluno um problema cuja melhor solução, nas condições propostas, é o saber a ensinar, permitindo-lhe agir sobre ele e fornecendo-lhe informações sobre a sua ação. Não se trata apenas de uma situação de manipulação livre ou imposta. Permite ao aluno :

- julgar os resultados das suas acções (utilização "em ato" das propriedades) ;
- ajustar a ação (sem a intervenção do professor) ;
- aprendizagem por adaptação (Piaget);
- estabelecer um diálogo (dialético) entre a criança e a situação.

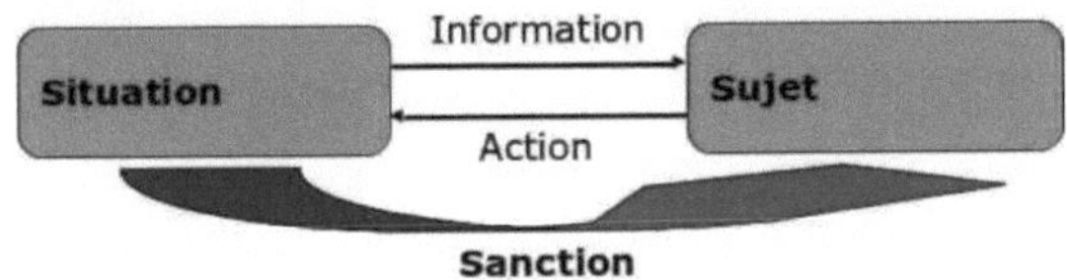

Dialética da formulação

O aluno explica o seu modelo implícito de forma a que esta formulação tenha um significado - obter ou fazer obter um resultado. Isso permite-lhe :

- Nomear, contar, comunicar;
- Dê um nome às propriedades ;
- Troca de informações (mensagens orais ou escritas, linguagem matemática ou na "ɪf) com outros alunos (emissor-recetor);
- Crie um modelo explícito ;
- Utilize sinais para formular regras comuns, conhecidas ou novas.

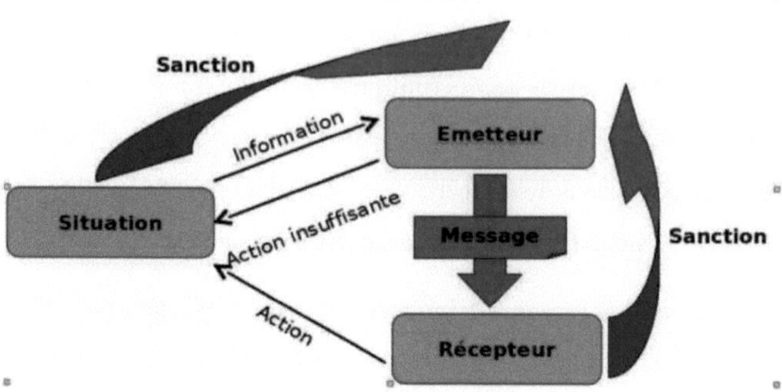
Sanction
Information
Emetteur
Situation
Action insuffisante
Message
Sanction
Action
Récepteur

A dialética da validação

- O aluno deve mostrar porque é que o modelo criado é válido: convencer (argumentação, demonstração, refutação).
- O aluno (proponente) apresenta uma mensagem matemática (modelo da situação) como uma afirmação a um interlocutor (oponente). Trata-se de uma validação semântica e sintáctica.

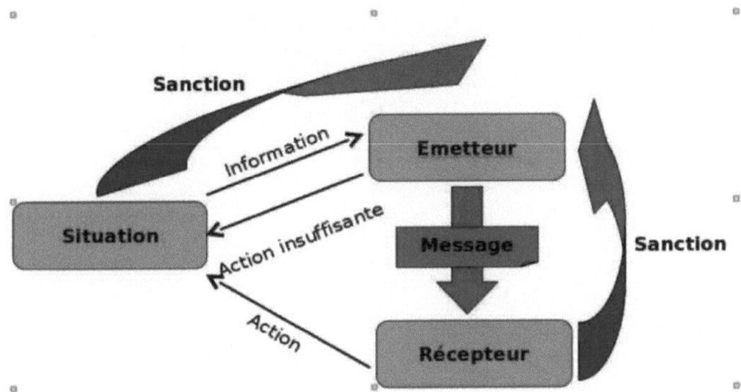

Dialética da institucionalização

Esta é a fase de integração dos novos conhecimentos no património matemático da turma. O professor fixa o estatuto cognitivo dos conhecimentos de forma convencional e explícita. A institucionalização prematura interrompe a construção do significado, dificulta a aprendizagem e coloca o professor e os alunos em dificuldades A institucionalização tardia reforça as interpretações incorrectas, atrasa a aprendizagem e dificulta a aplicação.

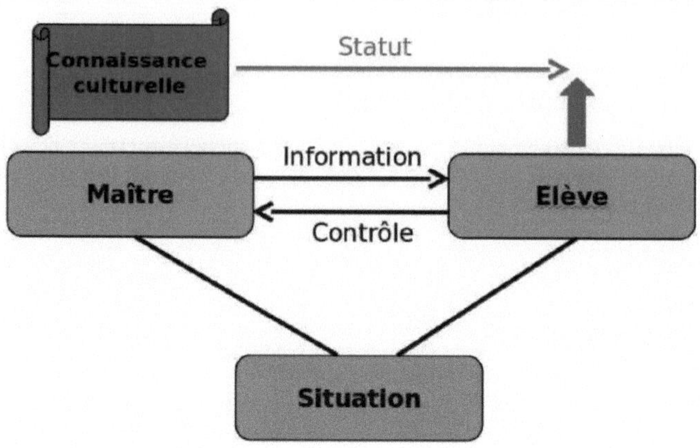

Validação e avaliação :

- **Validação**: a expensas do estudante, quando a situação tiver sido organizada para o efeito;
- **Avaliação**: a cargo do professor, sem recurso.

Capítulo 4 : Avaliação da aprendizagem

Análise de erros

"O erro não é apenas o efeito da ignorância, da incerteza ou do acaso (...) , mas também o efeito de um conhecimento anterior que era interessante e bem sucedido, mas que agora se revela falso ou simplesmente inadequado.

Introdução

Um erro é uma resposta que não está em conformidade com o que é dado como verdadeiro. A representação do erro é, antes de mais, uma representação de adequação à verdade. É uma perceção bastante neutra do erro. (In. Dictionnaire de pédagogie). No contexto escolar, os erros são vistos como um indicador de que o aprendente adquiriu objetivamente uma determinada competência. Na aprendizagem escolar, os erros estão inevitavelmente presentes e são transitórios. Um menor número de erros é sinal de um maior domínio da área de conhecimento. Dada a omnipresença do erro na aprendizagem, é essencial analisar o seu lugar na didática moderna. Até à data, no domínio da educação, o erro tem sido geralmente encarado de forma negativa. Frequentemente equiparado a uma "falta", devia ser punido para desaparecer.

O erro é, portanto, a experiência de invalidação de hipóteses iniciais ou de representações mentais. Um erro ocorre porque há um processo cognitivo em ação. Mais precisamente, neste processo, o erro marca a fase de desestabilização da construção mental inicial, antes da fase de reconstrução.

Estado do erro:

Sendo o erro indicativo de uma verdadeira atividade intelectual do aluno (uma estratégia de apropriação através do desenvolvimento progressivo de esquemas de representação), não é culpável: não é culpa do aluno, não é uma culpa. Não se trata de uma falta de conhecimento, mas da insuficiência do conhecimento do aluno para dar conta da realidade.

Concepções teóricas do erro :

- **De acordo com o behaviorismo**, o objetivo do ensino é a aprendizagem sem erros. Isto é conseguido através de exercícios, repetição e reforço das "respostas correctas". O aluno é gradualmente guiado para atingir um objetivo (aprendizagem programada);

- **De acordo com o construtivismo**, a aprendizagem é um processo em que os novos conhecimentos podem basear-se em conhecimentos antigos ou desafiá-los. Os erros reflectem, portanto, as dificuldades que os alunos têm de resolver para produzir novos conhecimentos; é o chamado conflito cognitivo que os alunos têm de resolver. Se um aluno corrige um erro, isso indica que superou essas dificuldades, construindo uma nova resposta.

Tipos de erros

De facto, existem dois tipos de erros:

- **Erros de desempenho**: erros "disparatados", distrações ou "deslizes", erros aleatórios, perturbações na aplicação de uma regra conhecida, devido à fadiga, ao stress ou à emoção provocados pelas condições da tarefa. O aluno conhece a regra que deveria ter aplicado; é, portanto, capaz de se corrigir. É o que vulgarmente se designa por "**erro**";
- **Erros competentes**: revelam uma atividade intelectual por parte do aluno ("erros inteligentes"): erros sistemáticos que o aluno não consegue corrigir, mas é capaz de explicar a regra que aplicou. Com este último tipo de desvio em relação à resposta esperada pelo professor, o erro torna-se inevitável (ligado à natureza do desenvolvimento cognitivo do aluno) e útil (desempenha um papel no processo de aprendizagem, em vez de estar no fim do processo). É a isto que se chama vulgarmente "**erro**".

Perante o erro

Acabaram-se as anotações nas margens dos trabalhos: "bom", "razoável", e outras expressões comuns com conotações morais: "mau" ou "bom" aluno, "trabalhos de casa para fazer". Agora só há erros. O valor didático atribuído aos erros é representativo da nossa conceção da aprendizagem. Esta conceção da aprendizagem repercute-se nos modelos de ensino que utilizamos. Para que os aspectos positivos do erro sejam reconhecidos, o sistema educativo deve ser sensível a ele e considerá-lo como uma parte fundamental do processo de aprendizagem escolar, por outras palavras, deve ser "tolerante ao erro".

Estado do erro

Introdução

Na escola, o erro é muitas vezes sinónimo de erro. No entanto, como já vimos em artigos anteriores, os erros são úteis para a aprendizagem. O erro é vivido como uma falta tanto pelo aluno como pelo professor. Astolfi classifica as reacções negativas aos erros por parte do professor em duas categorias:

- **Reação através do castigo**: o professor assinala o erro na cópia, muitas vezes sublinhando-o com uma caneta vermelha. O objetivo é assinalar o erro e mostrar aos pais que o professor fez o seu trabalho, que não deixa passar os erros despercebidos;
- **Castigo por questionar o progresso**: o professor sente-se responsável pelo erro. Se a criança compreendeu, então fez bem o seu trabalho. Por outro lado, se a criança comete um erro, é porque não compreendeu e a culpa é do professor.

Espaço para erros

Em vez de o castigar ou evitar, deve colocá-lo no centro do processo de ensino. Os erros são necessários. É uma etapa na aquisição de conhecimentos. Pode considerar-se que os alunos progrediram se, depois de terem cometido um erro, forem capazes de reconhecer que cometeram um erro, dizer onde e porquê cometeram um erro e como o fariam de novo sem cometer os mesmos erros. Para isso: o carácter instrutivo do erro, tanto para o professor como para o aluno, deve ser claramente explicado na aula. O professor deve dar tempo suficiente para que o aluno identifique, formule e explique os seus próprios erros.

Tratamento de erros :

O objetivo é trabalhar os erros como uma ferramenta para a tomada de decisões educativas.

- **Corrigir**: "Corrigir não é julgar: é ajudar as pessoas a aprender. Não se trata de registar e penalizar os desvios da norma, mas sim de assinalar os sucessos e os erros específicos. Não se trata de realizar um ato final: trata-se de abrir a porta a outras actividades";
- **Marcar**: "avaliar com uma nota numérica" (definição dada pelo Petit Robert). Existem várias formas de marcar: marca numérica, marca por letra, marca por cor.
- **Anotar**: Adicione notas críticas ou explicativas.
- **Avaliação**: No contexto escolar, significa comparar o trabalho de um aluno com um conjunto de critérios previamente definidos, objectivos (eliminando o juízo moral, mas não o juízo de valor) e explícitos (conhecidos).

Quem corrige, o quê e porquê?

- **Quem:** O professor e o aluno que realizou o trabalho, eventualmente outro aluno ou um grupo de alunos. Um contrato explícito deve definir a tarefa de cada um (esta tarefa pode variar consoante o tipo de trabalho). A correção apenas pelo professor é pouco útil para o aluno. A única correção útil é aquela que é feita pelo aluno. Formar o aprendente a reler o seu trabalho durante a aula ou no final de uma lição incentiva-o a tomar o seu trabalho como objeto de estudo e a corrigi-lo, se necessário. O professor verifica a correção do aluno.
- **O quê:** Todos os trabalhos devem ser verificados, todos os trabalhos escritos devem ser corrigidos: trabalhos escritos, exercícios de gramática e vocabulário. Qualquer que seja o suporte: cópias, cadernos.
- **Porquê**
  - ***Para o professor***: permite-lhe verificar os resultados esperados, verificar a aquisição de competências, analisar os erros e corrigi-los.
  - ***Para o aprendente:*** permite progredir em direção às competências-alvo através do reinvestimento dos conhecimentos.

Tipos de erros

Jean-Pierre Astolfi identificou 7 tipos de erros cometidos pelos alunos:

- **Compreensão das instruções**: A criança não compreende as instruções e não consegue cumprir o contrato de aprendizagem. O problema pode resultar da dificuldade do enunciado;
- **Hábitos escolares e má descodificação**: os alunos funcionam segundo um princípio mecânico (didática habitual) e, por isso, têm dificuldade em responder a instruções fora do comum.
- **Sobrecarga cognitiva**: trata-se de um problema de memória que ocorre mais frequentemente quando a criança tem de processar várias informações ao mesmo tempo. De uma matéria para outra Os alunos têm de reinvestir sistematicamente os seus conhecimentos em cada matéria. Isto exige uma ginástica constante por parte do cérebro, o que por vezes conduz a erros.
- ¡**Erros que reflectem** concepções **alternativas:** Os alunos não esperam por uma explicação para um problema dado. Já tem representações intelectuais dos diferentes conceitos que vão ser estudados.
- **Erros relativos às operações intelectuais:** A criança ainda não possui as competências necessárias (reversibilidade, transitividade, trabalho com estados ou transformações) para responder às solicitações do professor.
- **Erros relativos a procedimentos:** O aluno utiliza procedimentos que não são necessariamente esperados pelo professor. Mas esta abordagem é muitas vezes entendida como um erro pelo professor, que espera uma resposta muito precisa.

Erros causados pela complexidade do conteúdo: O professor deve explicar as instruções aos alunos. Se a criança não compreender as instruções ou o contexto, então estará a cometer um erro.

O aluno e o erro

Verificámos que os alunos sentem de forma diferente o facto de cometerem erros. Isto pode dever-se à influência do seu ambiente.

- ***Influência da classe :***
  - Na sala de aula, o aluno existe como indivíduo, mas também como parte da turma. Faz parte de um todo.
  - Os outros alunos da turma exercem uma pressão involuntária.
  - As crianças estão sempre a trabalhar sob influência.
- ***Influência do professor :***
  - Algumas crianças estão também sob pressão dos seus professores.
  - Para desempenharem o seu papel de alunos e aceitarem o contrato de ensino, as crianças devem responder às perguntas que lhes são colocadas.
  - O professor deve permitir que a criança se exprima livremente e assegurar que cada palavra, boa ou má, seja respeitada.

Vimos como o professor percepciona o erro, mas é sobretudo necessário ver como o aluno reage aos seus erros. A criança pode sentir que se ultrapassou a si própria ou que foi ultrapassada:

- ***Um superador:***
  - Medo de correr o risco de cometer erros.
  - Os erros são vistos como fracassos: os erros como falhas.
  - Os erros podem ser vistos como uma barreira ou um obstáculo à aprendizagem das crianças.
  - O medo de cometer um erro leva à falta de participação.
  - Os erros estão mesmo associados à ansiedade para algumas crianças (= alergias segundo J.P. Astolfi).
  - Estas reacções podem ser explicadas pelo carácter da criança (tímida, introvertida).
- ***Ultrapassar os*** obstáculos*:* Segundo G. Bachelard, os obstáculos ajudam-nos a construir um pensamento racional. Para ele:
  - "A mente só pode ser formada reformando-se a si própria;
  - Um aluno que comete erros não é necessariamente um mau aluno;
  - A educação dos pais também influencia as escolhas da criança quando se trata de cometer erros. É cometendo erros que as crianças aprendem a crescer;
  - Erro = desafio e questionamento positivo;

Avaliar a aprendizagem

O princípio da avaliação :

A avaliação está no centro da formação. Não pode haver uma estratégia de ensino/aprendizagem válida sem a aplicação de um sistema de avaliação coerente. Este sistema só pode ser organizado se as intenções pedagógicas tiverem sido claramente definidas em termos de objectivos de ensino e de aprendizagem. A avaliação serve para promover o sucesso. O seu objetivo não é selecionar os melhores, mas ajudar o maior número possível de pessoas a atingir os objectivos fixados.

Tipos de avaliação :

- ***Diagnóstico***: Situar o aprendente no início de uma sequência (teste inicial). O objetivo é verificar se os aprendentes adquiriram as competências necessárias para seguir a sequência (os pré-requisitos);
- ***Formativa***: Para verificar o nível de aquisição durante ou após a sequência. Neste caso, é um instrumento de diagnóstico das dificuldades e dos sucessos. O objetivo é facilitar a aprendizagem. Durante estas avaliações, que devem ser frequentes, o aluno tem o direito de cometer erros. Os erros e os bloqueios são aproveitados pelo professor para voltar a explicar. Este é um momento privilegiado de diálogo que deve permitir: ao aluno saber em que ponto se encontra; ao professor sugerir: actividades para ajudar os alunos que têm dificuldades, actividades mais complexas para os alunos que têm bons resultados;
- ***Sumativa***: Quando o professor considera que os alunos já praticaram o suficiente, propõe uma avaliação em que o aluno tem de provar que atingiu o objetivo. Neste caso, não há margem para erros. A avaliação assume a forma de uma nota ou de reconhecimento de aprendizagens anteriores (quando é tomada a decisão de passar o aluno para uma classe superior).

Critérios de avaliação.

O princípio de base da avaliação diz respeito a: competências, conhecimentos e saber-fazer, atitudes. A avaliação do trabalho do aluno não deve ser subjectiva. O professor deve poder justificar a avaliação ou a nota atribuída. Por conseguinte, é importante especificar os critérios de avaliação que definem o contrato de trabalho do aluno. Estes critérios ou indicadores de sucesso devem ser comunicados ao aluno desde o início. No decurso do curso, será importante, se não indispensável: por um lado, aperfeiçoar os critérios em função dos pré-requisitos e dos resultados dos alunos; por outro lado, eliminar qualquer ambiguidade na redação desses critérios.

No início do processo de aprendizagem. Os professores: envolvem os seus alunos no seu projeto de ensino; dão sentido às actividades que propõem ao longo do projeto de ensino. Estas actividades são auxiliares de ensino. Os alunos: saberão o que se espera deles e preparar-se-ão em conformidade. Estas grelhas ajudam-no a aprender.

No final do processo de aprendizagem: Para o professor, serão instrumentos de avaliação criteriosa de toda a turma e de cada aluno em relação à competência final, mas também em relação a cada competência intermédia. Desta forma, o professor saberá em que medida a sua turma e cada um dos seus alunos reinvestiram os conteúdos que ensinou.

Estas grelhas darão ao professor uma visão clara: das dificuldades (obstáculos) encontradas. dos desempenhos alcançados e dos resultados obtidos pela turma e por cada aluno. Se o objetivo for atingido (domínio da competência): Passe à unidade de ensino seguinte. Se o objetivo não for atingido: construção de sequências de correção e de regulação. Para o aprendente, trata-se de "fichas de contrato" ou de grelhas que lhe permitem fazer uma autoavaliação. Estas fichas de referência permitir-lhe-ão corrigir eventuais erros no seu trabalho.

Avaliação subjectiva

A avaliação de um trabalho é uma arte difícil que pode deixar muito espaço para a subjetividade: por um lado, existe um efeito de ordem. Se os trabalhos forem classificados numa determinada ordem por um professor e na ordem inversa por outro, os avaliadores tendem a sobrevalorizar os trabalhos classificados em primeiro lugar e a subvalorizar os trabalhos classificados em último lugar.

Existe também um efeito de assimilação, que consiste em comparar uma nota com uma nota anterior. Por exemplo, pede-se aos professores que avaliem seis trabalhos de nível sensivelmente equivalente. Mas em cada um deles aparece uma nota, supostamente obtida pelo mesmo aluno algum tempo antes. Se essa nota anterior era elevada, a nota era em média 2 pontos mais elevada do que se o trabalho anterior fosse baixo (médias de 11,86 e 9,84). Do mesmo modo, perante uma série de trabalhos idênticos, os professores dão notas diferentes consoante o trabalho de casa provenha de uma turma forte ou fraca. O mesmo efeito foi observado em função do liceu de origem dos alunos.

Por último, o efeito de contraste é um processo inverso. Um exemplar é geralmente sobrevalorizado quando é marcado a seguir a um exemplar fraco e subvalorizado quando vem a seguir a um exemplar forte. A classificação dos trabalhos é sempre aleatória. Os ¡diferentes examinadores (classificadores) não avaliam os mesmos objectos da mesma maneira, não utilizam as mesmas escalas de classificação e produzem juízos que não são estáveis ao longo do tempo. Em vez de sucumbir ao mito da nota "verdadeira", *não será* melhor centrarmo-nos naquilo para que a avaliação é (ou deve ser!) utilizada quando faz parte do processo de formação? A avaliação formativa é a avaliação que desempenha um papel na regulação do ensino e da aprendizagem. Através das informações que fornece, a avaliação ajuda a regular o processo de ensino (ensino e/ou aprendizagem).

Se se trata de um processo de aprendizagem, o objetivo é orientar o aluno, permitir-lhe reconhecer, compreender e corrigir ele próprio os seus erros (função correctiva) e informá-lo sobre as etapas alcançadas ou não alcançadas, informando-o simultaneamente dos efeitos reais da sua ação pedagógica (função reguladora). (função correctiva), e informá-lo das etapas que alcançou ou não alcançou, ao mesmo tempo que informa o professor dos efeitos reais da sua ação pedagógica (função reguladora).

O objetivo da avaliação não é tanto descrever a realidade tal como ela é, mas ajudar as pessoas a tornarem-se o que poderiam ser (objetivo transformador). De facto, se o essencial é ajudar os alunos a identificar, analisar e compreender os seus erros para que não os cometam mais, a avaliação deve dispor de um modelo teórico que permita essa análise e, mais geralmente, de um modelo do funcionamento cognitivo do aluno.

Avaliação eficaz.

Uma avaliação eficaz é uma avaliação que atinge o seu objetivo. Uma boa avaliação significa, antes de mais, compreender o que estamos a fazer e porque o estamos a fazer. A dificuldade reside em saber de que ponto de vista julgar a relevância de uma prática: não existe uma avaliação correcta em si mesma. Mas há avaliações pertinentes, em função de uma determinada intenção e para uma utilização específica.

Na avaliação formativa, os professores têm a tarefa de contribuir para o desenvolvimento positivo dos alunos, facilitando a sua aprendizagem. É este objetivo pedagógico que dá sentido à avaliação formativa.

E uma avaliação eficaz é aquela que é clara, daí a necessidade de explicitar as expectativas em termos de

analisar e interpretar os erros, identificar as características dos participantes, fazer um diagnóstico preciso do que cada um aprendeu e do que lhe falta, bem como dos seus pontos fortes e fracos.

A classificação parece pouco fiável. Hoje em dia, o imperativo é avaliar o mais objetivamente possível em que medida os objectivos educativos fixados para os alunos foram atingidos. A avaliação não deve limitar-se ao registo quantitativo dos resultados dos nossos alunos (notas, médias). Deve ser capaz de dar uma interpretação rigorosa desses resultados, aqueles que merecem efetivamente ser tomados em consideração.

De facto, para avaliar, é necessário observar com o maior rigor possível e interpretar com a maior pertinência possível.

Avaliação significa informação.

Além disso, a avaliação do professor não consiste apenas em medir, julgar e decidir, mas também em fornecer informações úteis ao aluno para o ajudar a aprender, tornando-o consciente dos seus erros e fornecendo-lhe as referências necessárias para se avaliar corretamente. Nestas condições, a avaliação é descritiva. Como tal, é a única forma de avaliação compatível com a relação de ajuda preconizada pela abordagem pedagógica centrada no aluno. O objetivo é informar para ajudar, e não julgar para decidir. Em suma, uma avaliação eficaz tem a tripla caraterística de ser :

- ***Compreensão:*** (capaz de interpretar a situação "medida") ;
- ***Consciente*** (fornecer pontos de referência esclarecedores ao aluno em vez de o castigar);
- ***Formador*** (preocupado em fornecer as ferramentas para o sucesso).

Referências

Astolfi, A. (1996). Controlo descontínuo de sistemas nãoholonómicos. Systems & control letters, 27(1), 37-45.

Audigier, F. (1988). Didática da história, da geografia e das ciências sociais: propostas introdutórias. Revista Francesa de Pedagogia, 5-9.

Bachelard, G. (1938). La formation de l'esprit scientifique, Paris. J. Vrin.

Baruk, S. (2016). A idade do capitão. De l'erreur en mathématiques. Média Diffusion.

Brousseau, G. (1990). O contrato didático: o meio. Investigações em didática da matemática, 9(9.3), 309-336.

Chevallard, Y., & Johsua, M. A. (1985). La transposition didactique: du savoir savant au savoir enseigné. La Pensée Sauvage.

Clerc, J. B., Minder, P., & Roduit, G. (2006). A transposição didática. Dicionário de Conceitos Fundamentais de Didática.

Develay, M. (1992). De l'apprentissage à l'enseignement: pour une épistémologie scolaire. Éditions ESF,.

Halté, J. F. (1992). A didática do francês.

Giordan, A. (1996). ¿Cómo ir más allá de los modelos constructivistas? A utilização didática das concepções dos alunos. Revista Investigação na Escola, 28, 7-22.

Giordan, A., & De Vecchi, G. (1987). As origens do saber. Des conceptions des apprenants aux concepts scientifiques. Neuchâtel-Paris: Delachaux et Nestlé.

Le Pellec, J., & Marcos-Alvarez, V. (1991). Ensinar a história: um método que se aprende. FeniXX.

Martinand, J. L. (1985). Sobre a caraterização dos objectivos da iniciação às ciências físicas. Aster: Investigação em didática das ciências experimentais, 1(1), 141-154.

Reuter, Y., & Lahanier-Reuter, D. (2007). L'analyse de la discipline: quelques problèmes pour la recherche en didactique. A didática do francês. As vias actuais da investigação, 27-42.

Tardy, M. (1993). "A transposição didática". In J. Houssaye, (Ed.), La pédagogie: une encyclopédie pour aujourd'hui (pp. 51-60). Paris: E.S.F.

Printed by Books on Demand GmbH, Norderstedt / Germany